STEAM
教育实战手册

CREATE YOUR OWN ANIMATED
STORIES WITH SCRATCH

CODING FOR KIDS

Scratch
少儿创意动画故事编程

[意] 酷编酷玩 [CODER KIDS] / 著　[意] 瓦伦蒂娜·菲格斯 [VALENTINA FIGUS] / 绘　李泽 / 译

U0244330

中国青年出版社
CHINA YOUTH PRESS

中青雄狮

推荐序1

人们为什么学编程？

"Why people learn programming？"程序这种事情是专业的程序员的事情，为什么要让每个人，特别是我们的下一代——孩子们学会编程呢？难道仅仅是因为赶时髦么？计算机越来越像一个人类创造出来的硅基生命，而这种生命的内核就是我们给它编写的程序。如果你只是像奴隶社会的奴隶主一样把计算机当作是肆意役使的奴隶，你大可以把它当作一个影碟机、一个游戏机或者一个打字机来用。但是计算机诞生之初，它就自然具有全能性，如果给它编程，它同样可以变成一台程控电话交换机、一个网站服务器、一个机器人的主控甚至一个城市控制中心。所以，当我们把计算机看作是一个可以平等交流的个体的时候，我们必须走进它的内心，了解它内心的工作方式，才能和它做朋友。奴隶制社会的灭亡源自于生产关系已经不适应生产力的发展需求，换句话说就是奴隶觉得自己跟奴隶主一样也有差不多的身体，凭什么过着天壤之别的生活。抗争出现了，经过漫长的流血斗争产生了新的生产关系形态，现在每个人的生活都有了很大程度上的改善，这种改善很大程度上取决于每个人役使的机器奴隶的数量。伴随着物联网技术的发展，控制芯片的价格和性能的提升，各种设备都会越来越像一个人，一个被赋予了某个特定功能的人。如果是一种主动的进化而不是被动的革新，从我们这个时代的每个人未雨绸缪的角度，有必要学会"遥控器"里面的东西是什么，而不是只会按一个个按钮。

Scratch的图形化编程方式使得这一切变得简单，通过游戏或者动画的形式让不同倾向的学习者都能够找到自己喜欢的入门方式。在心理学当中我很喜欢的一个描述是"自由意志"（Free Will），它的意思是能够不受任何干扰地、独立地做出判断的能力。而我们发现，现代的娱乐休闲技术正在使得一些人丧失"自由意志"的能力：游戏中的熟悉或者陌生的小伙伴以及那个念念不忘的等级，让一些人丧失了判断"什么事情更重要"的"自由意志"；各种各样的偶像、网红，充满暗示的"遥控木偶"让另一些人丧失了"什么是美"的"自由意志"；大数据背景下的网络销售、各种促销、推送和活动，让一些人丧失了判断"我究竟需要什么"的"自由意志"。而这一切或多或少都有计算机程序的影子，而仅仅作为别人模型当中的一个测试因子的普通用户，恐怕多少还是处于一个"不自知"的状态。还好Scratch所代表的程序设计普及化、人工智能民主化、物联网去魅化、造物技能补齐化的趋势有助于帮助我们的下一代在更加智能的社会中保持"自由意志"。

希腊神话当中普罗米修斯从神界盗取圣火，中国传说中"燧人氏"发现了钻木取火的方法，火可以烧毁一座森林，也可以帮助我们把食物煮熟，这要看我们如何去应用它。Scratch社区当中的分享、点赞和重用的机制，保证了我们可以通过"声望"来替代金钱去证明一个程序员的价值，程序员的剩余价值催生了开源文化，而一个"人人都是程序员"的时代将会是一个怎样的未来呢？小说"三体"当中，当我们面临高阶文明的挑战时的种种矛盾的选择或许能够给现在的我们一种启示：制造恐慌只是一个过程，我们终将成为一个更美好的文明的一份子，在那里，人人都是全面发展的。

人们如何学好编程

编程的核心是一种思维，一种对人类创造的硅基生命的沟通方式，这种生命的核心就是forever。在各种编程语言当中，这个单词被理解为永远循环，就像我们每天都要吃饭，每天都看到日出日落一样，以"永恒"开始的程序设计语言，昭示着人类对于永生神话的长久梦想。

而如何与计算机、单片机、智能控制板这类硅基生命交朋友呢？学好一门程序语言就是最好的办法。但如何学好呢？你会发现学一门编程语言好像跟学好数学语文不太一样，但又有共性的规律，其实学习编程跟我们学习使用筷子吃饭一样，秘诀在于真实的需求，仔细的观察和个人的反复练习。

各种程序语言都是满足真实需求的模型化实现，即使最简单的图形化编程语言也是如此。思维的难度并不会因为图形化语言或代码语言而有太大的差别。Scratch很简单，但是对于初学者来说，使用Scratch把100个杂乱无章的数据从小到大排序仍然不是一个太简单的任务。在学习Scratch语言的过程中，有两个阶段让我的编程水平快速提升。第一个阶段是用Scratch解决一些数学问题，比如用最小二乘法找到两组数据之间的线性拟合函数，制作统计一篇英文文章当中各个字母出现频次的程序等等，这些数学程序锻炼了我的思维，并且在不断改进的过程中锻炼了自学能力。第二个阶段是用Scratch编写了一个仿真机器人的平台软件，模拟出了能力风暴机器人的碰撞传感器、红外测障传感器、底面灰度传感器、光线传感器等多个功能，让虚拟机器人完成走迷宫和巡线等一系列任务，通过这个项目，我学会了模块化地分解一个工程任务。完成这两件事，我觉得自己已经是一名初级的编程爱好者了，但是还差一点：迄今为止我还没有带领团队开发一个稍微复杂的Scratch项目。之前完成的"中国诗词大会出题系统"协作模式比较简单，跟专业的软件工程思路还是有区别的。

记得美国的一位朋友向我推荐GitHub，因为它可以帮助很多人在线协作编程。我的一位国内代码大神也向我了推荐一个编程协作系统，它看起来更像是一个共产主义社会当中的评价平台，每个人通过代码质量获取相应的社会地位。不过无论怎样，编程作为一种技术，它的应用和发展始终伴随着三个问题：它是什么？它要干什么？它为谁服务？期望每一个初学者或者已经成功驾驭一门语言的人都能够思考这个问题。

北京景山学校

吴俊杰于天通苑居创屋

推荐序2

Scratch还能做些什么？当我开始研究Scratch的时候，就一直在思考这个问题。

毫无疑问，Scratch深受孩子们的喜爱。但是，除了作为儿童的编程入门语言外，Scratch还能做些什么呢？能否做更复杂的算法？2011年前后，人工智能的风还没有刮起，认为儿童应该早点学点编程的人还寥寥无几，怎么说服更多的人去学习Scratch，应该还需要其他的理由。

比如，我用Scratch编写高中教材中的几个经典算法的讲解课件，让冒泡、选择排序中的变量变得直观。又如，我用Scratch来分析小学的行程问题，做了几个有趣的课件。再如，我用Arduino作为传感器采集板，在Scratch里分析科学实验。还有，我结合Kinect和Leap Motion开发互动媒体作品，做物联网实验，甚至连接数据库……

无论是解决数学问题，做科学实验，还是控制硬件，我所做的一切尝试，其实是想告诉更多人：Scratch不仅仅是一款适合孩子的编程入门软件，还是一款学习工具。在Scratch的帮助下，我们的孩子会更加优秀。只有这样，才会有更多的老师、家长和教育管理部门的人员接受Scratch，接受创客教育。跟我一起做类似研究的还有很多人，如做信息技术实验的吴俊杰，研究用程序绘图的毛爱萍，还有开发mBot的Makeblock团队等等。在这些人中，也包括李泽。

李泽不是老师，我和他也一直没见过，只能算网友。2015年，为了收集更多与跨学科学习相关的案例，我开始在《中国信息技术教育》杂志上连载"生活技术探究"。于欣龙和李泽恰好翻译了《动手玩转Scratch 2.0编程》，那是一本迄今为止在Scratch领域写得最有深度的书，我受邀写了长长一段的推荐语：

国内从事STEAM教育的教师中，很多是从研究Scratch教学开始的。

但一些正在从事Scratch教学的老师，往往满足用Scratch做些趣味互动游戏，视野比较狭窄。《动手玩转Scratch 2.0编程》一书将给我们带来全新的思路：Scratch不仅仅是一个图形化的编程软件，还是一个能够提高解决问题能力的工具，在科学、数学等领域都有重要的应用价值。本书收集了大量有趣的编程案例，无论是绘制玫瑰花瓣、串联电路和模拟实验还是求解直线方程、数学魔法师，都能够让我们深入体会到，STEAM项目中科学、技术、工程、艺术和数学，是如何有机融合在一起的。

这一次，李泽说又发现了一本好书，要翻译出来。我很支持，也欣然答应为他写序。其实，我最喜欢的是李泽做的自媒体"科技传播坊"。他录制了很多视频，研究很多有趣的案例，甚至包括声音识别、傅立叶变换之类有一定深度的学习案例，如果认真整理出来，绝对是一本不可多得的好书。李泽虽然不是教师，但他是一名让人尊敬的教育创客。

Scratch还能做些什么？Arduino、micro:bit还能做些什么？这些开源软硬件能做的越多，创客教育的生命力就越强。推广创客教育，跨学科学习是最重要的方向。正如创客运动发起人戴尔·多尔蒂所说："做项目或者手工制作只是创客的外在形式，而非其本质。"那本质是什么？当然是学习，是那些单一学科的学习不能替代的跨学科学习。

一个人走得快，一群人走得远。创客教育的路还很长，我期望有更多的老师和创客，像李泽一样多写案例，多写书籍。创客教育，让我们携手同行。

温州中学创客空间负责人　谢作如

译者序

为了帮助孩子们掌握计算思维，麻省理工学院（MIT）的人工智能研究室于1968年发明了LOGO编程语言。其创始人西蒙（Seymour Papert）从师于皮亚杰，深受建构主义发展观的影响。西蒙在1980年出版的《头脑风暴：儿童、计算机及充满活力的创意》（*Mindstorms: Children, Computers, and Powerful Ideas*）中提到了"做中学"的建构主义理念，阐述了儿童学习计算机编程能使儿童在认知与技能上得到较大的发展。1994年国家教委制定的《中小学计算机课程指导纲要》中将LOGO列为选修模块，2007年江苏省将"LOGO语言程序设计"作为选修模块出现在九年义务教育六年制小学信息技术教材中。

有趣的是，从师于西蒙的米奇（Mitch Resnick）延续了LOGO编程语言的设计理念。由米奇领导的MIT媒体实验室终身幼儿园小组于2006年发布了Scratch，如今已走过十多个年头。和当年的LOGO编程语言一样，校外培训班和各级比赛逐渐火热，学校也越来越重视，将其设置为必修内容。

Scratch还是创客教育和STEAM教育的基础内容之一。2016年6月7日，在教育部发布《教育信息化"十三五"规划》中明确提出"积极探索信息技术在…跨学科学习（STEM教育）、创客教育等新的教育模式中的应用"。国务院印发的《新一代人工智能发展规划》中更是强调了人工智能战略的重要地位。相信未来几年我国将掀起人工智能教育的热潮，其基础正是编程，目前也有培训机构使用Scratch和Python研发人工智能相关课程。

知晓了发展历史，那Scratch究竟是什么呢？Scratch是一款创作交互式故事、动画、游戏的积木式图形化编程工具。它通过积木块实现自己的创意想法，避免了语法错误，大大降低了编程门槛。虽然Scratch最初是设计给8~16岁的儿童使用，但官方根据它在全球范围内实践的结果，认为Scratch并没有年龄限制，特别适合父母和孩子一起学习成长。目前

Scratch社区已经贡献了两千八百万件作品，其生命力和影响力可见一斑！

为什么要学习Scratch呢？因为学习者不仅可以制作有趣的程序，在编程中学会创新和分享，同时也能锻炼逻辑思维能力，培养创新思维。正如米奇在TED演讲时所说："让孩子学编程并不是要让孩子成为计算机专家或码农。孩子从编程里学到的创造性思维、推理能力、团队合作在工作生活中都是通用的。而且编程也不是你想的那么枯燥无味，或者要有很高的数学、计算机知识背景，你的孩子也可以在玩游戏中学会编程！"

就让我们从这套图书开始，入门计算机编程的世界吧！本套图书分两册，上册讲解如何创作电子游戏，下册讲解创作交互式故事的方法，均可独立学习。Scratch的书籍众多，本套图书的特点包括：

①案例质量高，程序素材全部是矢量格式，足见原作者的一片匠心。②逐步讲解项目，你可以看到整个程序的演化过程，这对初学者来说很有帮助。③每个项目末尾有作者给出的挑战问题，读者可以检查自己的掌握程度。④每本书都包含六个由易到难的案例，方便初学者入门。

如果你是从零开始的学习者，建议从头开始学习；如果是校内社团，老师可以根据学生的基础挑选案例模仿；如果是培训机构，尝试修改其中的案例融入自己的课程体系，添加更多的挑战问题；如果是家长，建议和孩子一起学习进步。

感谢张鹏主编的翻译推荐，感谢我的女朋友刘剡细致地审阅。有了你们的信任和支持，我才能竭尽全力完成本书的翻译。如有疏漏和不足之处，恳请读者批评、指正。最后，译者的自媒体"科技传播坊"为本书准备了学习资料，请在网站http://科.cc/或公众号kejicbf查阅相关信息。本书的读者QQ群是633091087，欢迎加入后相互讨论学习，下载素材文件。

李 泽

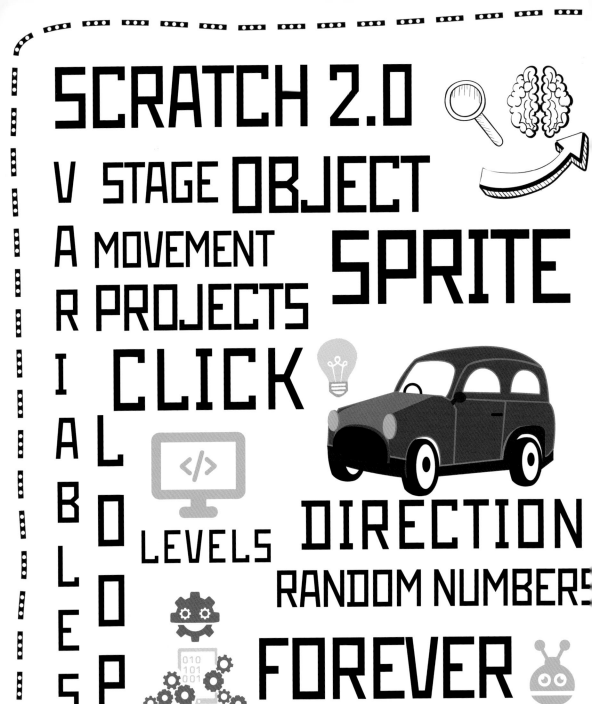

SCRATCH 2.0

V STAGE OBJECT
A MOVEMENT SPRITE
R PROJECTS
I CLICK
A
B
L
E LEVELS DIRECTION
S RANDOM NUMBERS
FOREVER
BACKDROP ARROW CLICK

目　录

为什么学习程序设计？

"不要只会购买新的电脑游戏，而要学会创作游戏；不要只会下载最新的应用程序，而要学会设计程序；不要只会在手机上娱乐，而要学会用编程实现。"

巴拉克·奥巴马

千禧年早期，计算思维的概念在许多教育领域的研讨中取得了较大进展。这一术语并非是指熟练操作计算机的能力，而是指一种将实际问题抽象概念化之后使用计算机来解决的能力。

越来越多的人们相信除了语言和基本的数学技能外，小学生也需要培养这种计算思维的能力。

本系列图书的目的是向孩子们介绍程序设计的基本概念。孩子们使用简单的程序语言（Scratch 2.0）就能够学习编程，创建越来越高级的游戏。注意，本书的目的绝非培养年轻的程序员！因为孩子在学习程序设计的过程中，便能潜移默化地使用新工具展现自己的创造力，从而发现新颖、原创以及高效的解决问题的方法。更为重要的是，从完全空白的Scratch项目到逐步完成自己的想法和创意，他们终将明白自身有能力创建属于自己的项目，从而领略计算思维之美。

我们希望儿童不要被动地体验技术，而是鼓励主动理解它，看到其真实的模样：一个验证并实现自己想法的强大工具。

本书共讲解了6个案例，难度由浅入深，每个项目都会制作简短的故事或小游戏。通过直观的任务，项目将为读者提供最重要的编程工具。

本书先讲解Scratch的基本使用方法，如果你已经熟悉Scratch，也可以直接跳到第一个项目。在每个章节开始，读者都会看到动画效果介绍或游戏规则介绍以及使用的素材（可以在下一页的网址中下载）。本书还会介绍创建游戏过程的每一个步骤。

在学习项目时，你会看到一些带有放大镜的话框，里面描述了与Scratch无关却非常重要的通用概念，其他画框则包含值得深入研究的问题。

每个项目的结尾都有一个挑战环节，挑战要求读者修改自己的程序，所有挑战的解决方法都汇集在本书的末尾。我们建议读者尝试修改，以便测试并验证自己对于本书内容的理解程度。

素材网站

本书对应的网站是www.coding.whitestar.it。

孩子们可以在网站中找到角色和背景素材，创建自己的项目。当然啦，不同的游戏可以使用不同的图像，只要它们的格式正确就行！

网站上所有素材都是SVG矢量格式的，虽然Scratch也同样支持PNG、JPG以及GIF格式。

本书游戏所对应的网络素材均为出版社版权所有。素材可以自由使用和复制传播，仅限非商业用途。

编程意味着什么？

编程意味着使用一种计算机能理解的语言命令计算机。

因此，一段程序通过简单地告知计算机在何种场合下作何反应，将计算机转变为特定问题的实用工具。程序员编写的程序必须非常准确，而且要考虑各种可能性，因为计算机并没有自主思考的能力！

算法

算法是指为得到预期结果而准确设计的一系列有序指令。我们举个例子，尝试描述图中机器人如何到达网格中的目的地。为了让机器人从A1到达C3，它需要执行以下步骤：首先向右移动两次，每次1格；然后向上移动两次，每次1格。这就是一个简单的算法。

显然，解决问题的方法不可能只有一种！

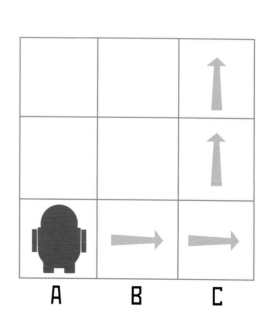

SCRATCH 2.0

"*Scratch是MIT媒体实验室终生幼儿园小组的研发项目，它是一款免费软件。Scratch帮助青少年学习创造性思维、系统思考和协同合作，这些都是21世纪的关键技能。你可以使用Scratch编程实现交互式故事、游戏和动画，并于在线网络社区和他人分享你的作品。*"

[https://scratch.mit.edu/about/]

虽然本书的项目使用Scratch 2.0设计，然而也有学习者在使用较老的版本（1.4）。

Scratch不仅仅是程序设计语言，它还是编程环境、在线社区、官方网站和允许用户上传项目的云平台。

Scratch有两种使用方法，你既可以使用网络编辑器，也可以下载离线编辑器。若采用后者，那么即使没有网络连接你也能够使用。

在线编辑器

进入官方网站scratch.mit.edu后，创建账号并加入Scratch社区，你就能使用Scratch在线编辑器了。我们建议家长或老师帮助孩子完成这项工作，因为此过程需要填写个人资料。

注册账号后，使用用户名和密码即可登陆个人空间开始创作。

新创作的项目默认是未分享的，当然你自己也可以决定分享该项目。

离线编辑器

进入网站【scratch.mit.edu/scratch2download】并按照页面的指导步骤，下载并安装Scratch离线编辑器。

使用离线编辑器不需要注册账号。

无论在线还是离线，进入网站【scratch.mit.edu/tips】后，你会发现许多有用的建议，相信它们能够帮助你入门并进一步探索，这些主题本书也会进行讨论。

Adobe AIR

如果计算机未安装该软件，则下载并安装最新的**Adobe AIR**。

Scratch 2.0离线编辑器

下载并安装**Scratch 2.0**离线编辑器

辅助素材

是否需要入门帮助？
下面有一些不错的资源。
新手项目
入门指导
Scratch套卡

角色、舞台、脚本

角色

你在Scratch中使用的2D人物和各种物品称为角色。虽然Scratch允许你在角色库中选择角色，但是你也能自行设计、从计算机上传，或摄像头拍照创建。

舞台

Scratch舞台包含项目的所有背景。和角色类似，你可以从背景库中选择背景，或者自行设计背景，从计算机上传或使用摄像头拍摄背景。

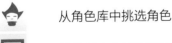

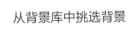 从角色库中挑选角色

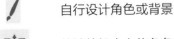 从背景库中挑选背景

自行设计角色或背景

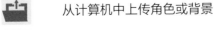 从计算机中上传角色或背景

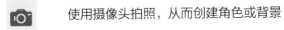 使用摄像头拍照，从而创建角色或背景

脚本

脚本是你让角色或舞台执行的指令和命令。

顺序结构

计算机一定是从上往下地、逐块地执行命令。

激活脚本

当Scratch执行一段脚本时，该脚本的边缘就会发光！

功能区

Scratch 2.0有五大主要区域，我们一起来了解一下。

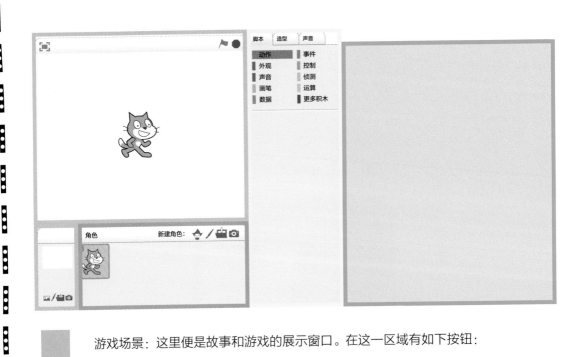

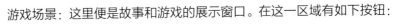

游戏场景：这里便是故事和游戏的展示窗口。在这一区域有如下按钮：

启动游戏。

停止游戏。

激活游戏模式。注意！在游戏模式中仅能进行游戏，无法做太多改变！再次点击该图标即可返回到项目中做相应的调整。

舞台区：这里包含项目中的所有背景。

角色区：这里包含项目中的所有人物和物品。

积木区：这里包含Scratch中所有积木命令块。

脚本区：给背景和各个角色设置你希望执行的命令。

工具栏

语言:
点击这里选择你的
语言。

印戳:
使用这个工具复制任何
你想复制的元素。

缩小:
让角色变小。

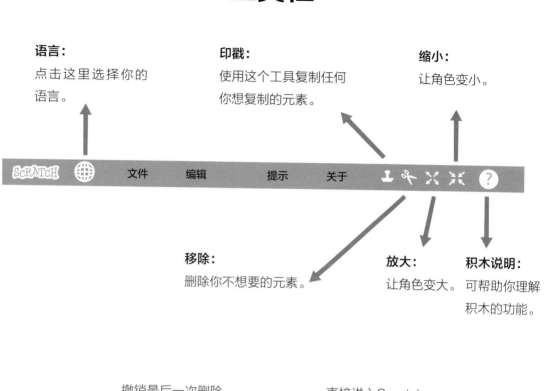

移除:
删除你不想要的元素。

放大:
让角色变大。

积木说明:
可帮助你理解
积木的功能。

撤销最后一次删除,
还能放大脚本区。

直接进入Scratch
的官方网站。

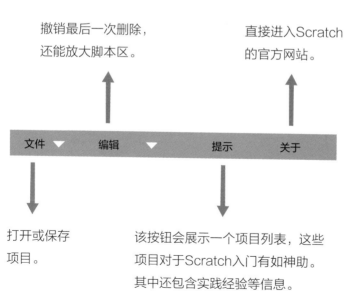

打开或保存
项目。

该按钮会展示一个项目列表,这些
项目对于Scratch入门有如神助。
其中还包含实践经验等信息。

积木块

帽子积木块：

帽子积木永远置于脚本的最上方，它表明了程序从何开始。没有任何一块积木可以放置在它上方。

堆叠积木块：

这类积木块的使用频率最高，因为它们告诉游戏的各个部分到底要做什么。你可以在它们上方和下方放置其他积木块。

C形积木块：

这些积木块会告知程序在某些情况下触发执行脚本，或多次执行某些脚本。之所以呈现C形是因为它们可以包裹其他积木块。

终止积木块：

它们放置在脚本的末尾，用于表示这段脚本已经结束。它们下面不能再放置任何积木块。

布尔积木块：

外观为两侧凸起的六边形，这类积木块只能得到两种值：代表真的TRUE和代表假的FALSE。

参数积木块：

它们的两侧是圆形的，其数据类型多样，比如数字或字符。

仔细观察！

你会看到某些积木块上有黑色的倒三角。如果你点击它，则会打开在计算机世界中称之为下拉菜单的选项框。此时你可以选择其中任意一项。

Scratch中的积木根据所属类别的不同而拥有不同的颜色。例如,所有让角色移动的积木块都位于运动类别中,并且都是深蓝色。点击积木的类别名,就能看到其他类别中的积木了。

运动	事件
外观	控制
声音	侦测
画笔	运算
数据	更多积木

这些积木是可以相互连接的,只要它们的外观与你想要放置的空位相吻合即可。

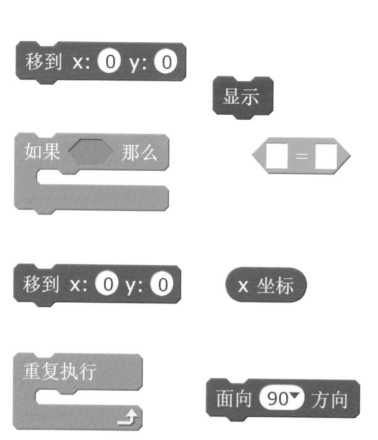

运动：该类别包含控制角色移动的指令。

外观：包含改变舞台上所有物品外观的积木块。

声音：想在项目中添加音乐和音效吗？声音类别的积木可以做到。

画笔：无论是绘制简单的线条还是创建复杂的视觉效果，你都需要一支画笔！

数据：点击该类别后便能新建数据。这有什么用？在后面的项目学习中便知！

事件：该类别积木块表示发生了某些事件或情况。

控制：此类别的积木极为重要，因为它告诉程序如何以及何时控制各种脚本。

侦测：如果两个角色碰撞，如果按键被按下，侦测类积木都会察觉到！

运算：有时你必须要做一些数学运算，此类别积木可以做简单运算或比较两个数字的大小。

更多积木：虽然此类别默认是空的，但是它却能制作属于自己的积木块！

窗格

角色窗格

每个角色都拥有3个窗格。

第一个窗格是脚本，它展示了积木块列表，右侧是构建脚本的区域。

第二个窗格是造型，它包含当前角色的所有造型，你可以将其理解为该角色的外观展示效果。

右侧是Scratch的绘图编辑器，能够编辑角色的造型。

第三个窗格是声音，你不仅能从Scratch声音库中添加声音，而且还能自己录制音频或从计算机上传音频文件。

舞台窗格

舞台同样包含3个窗格。

脚本和声音与角色对应的窗格类似。

但是第二个背景窗格稍有差异。

正如角色根据所穿戴的不同造型而展示不同的外观一样，舞台也根据其背景改变外观。

如果打开背景窗格，你就会看到所有曾经插入的背景图片。当然啦，你还可以继续添加！

项 目

欢迎进入电子游戏的世界,这将是你编程大冒险的开端。

如果你的计算机上无法运行Scratch 2.0,要向身边的大人们求助哦!

有一些程序看似简单,操作起来也很简单...但是真正的挑战是从零开始编程,构建创造整个程序!

1.

难 度

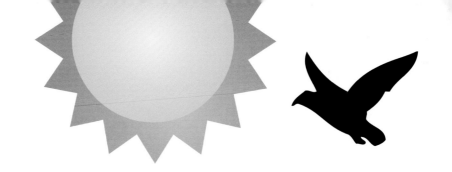

晨光熹微

1.

晨光熹微

我们的第一个项目是
模拟太阳缓缓升起的
动画效果！

让魔幻的非洲初阳栩
栩如生吧！

难　度

动画效果

当太阳升至晴空，黑夜逐渐消退。

你将学到的内容：

- 创建一个新的项目

- 创作简单的动画

- 给图形添加特效

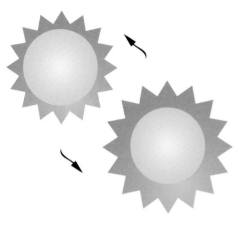

背景

不要着急，我会解释
如何使用它们！一步
一个脚印！

素材

我们已经在本书开篇的素材网站中，准备好了创建游戏需要的所有素
材。网站上有各种各样的角色和背景，方便你实现有趣的冒险故事。

开始编程

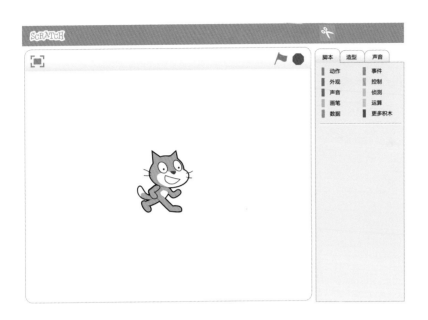

在开始编程之前，我们先确保所需工具已经准备就绪。打开Scratch准备开始吧！

打开Scratch后稍等片刻，你就会看到我们的第一个项目。

不过它目前是空白一片，所以说还是空项目。当创建新项目时，舞台中央默认出现一只猫咪，这就是Scratch的角色。

这只Scratch猫咪并非本游戏的角色，因此我们使用移除工具将其删除。

选择角色

创建栩栩如生动画的第一步便是导入角色……等等，什么是角色？

"角色"一词是指神话中的生物，如小精灵或幽灵。

我们刚才导入的二维平面物体称之为角色，它以固定的图像在屏幕上移动，而背景并不是该图像的一部分。

这种渲染和让角色运动的方法诞生于20世纪70年代，电子游戏使用该原理便有可能添加更多精美的角色。而在这项发明之前，计算机只能在角色移动之后重绘整个角色。

选择动画中的角色吧！

从网站下载相关素材，点击新建角色区域的文件夹图标，从计算机上传角色。

关于如何从素材网站下载角色的问题，请参见本书的前言部分。

选择夜幕角色和初阳角色

注意，以特定的顺序插入角色非常重要！如果说每个角色都在一张纸上，那么你可以设想，太阳在一摞纸的最上层，下一张纸是夜空，再下一张是舞台背景。

选择背景

背景是一个固定的图像，故事中的角色在其上移动。

和角色一样，你可以选择自行绘制背景、上传背景、导入背景库中的背景或使用摄像头拍照。

 点击新建背景区域的文件夹图片，从计算机上传一张背景图片。

再次说明，你可以从本书的素材网站进行下载。

为什么我们把晴空作为背景，而把夜空作为角色呢？

原因很简单！

为了创建我们想要的动画效果，夜空需要放置在晴空前方，这样当夜空慢慢消失时，晴空就会显现出来。两个背景无法重叠，所以其中一个必须作为角色。

注意！

背景和**舞台**不是一回事儿！

舞台是Scratch的一部分，用于运行指定的命令。舞台中可以改变背景或管理与角色无关的功能，而不是整个游戏的所有功能。

夜幕……

每个角色都需要知道自己要做什么、何时去做，而只有你可以告诉它们！首先我们先关注脚本区域。

关于Scratch功能区的内容，参见第20页。

尝试拖拽第一块积木"当绿旗被点击"到工作区域吧！
无论游戏还是动画，绿旗都是程序开始运行的标志。

当程序启动时，角色会按顺序执行该积木下方的所有指令。

在这块积木下方拖拽一块"移到 X: Y:"积木。
这样当点击绿旗时，角色将被定位到舞台的正中央。

夜幕消退……

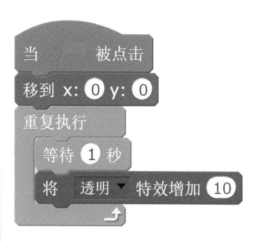

为了让夜空逐渐消失，我们使用Scratch的图形特效：透明。

拖拽一块"重复执行"积木，放置在脚本的最下方。

在"重复执行"中插入"将…特效增加10"积木，再插入"等待1秒"积木，现在角色就能缓缓消失了。

重复执行

此类积木块被称为循环，它们的作用是重复执行一系列命令。在Scratch中，"重复执行"积木会无限次地、顺序地重复执行包裹在内部的指令。呃，为什么是永远执行？它何时结束？通常情况下，只有在程序全部结束时它才会结束。

初阳

和夜幕角色相同，我们首先设置太阳的初始位置。

当绿旗被点击时，脚本将太阳移动到舞台的底部中间位置。因此我们将积木"移到 X:0 Y:-180"放置到"当绿旗被点击"的下方。

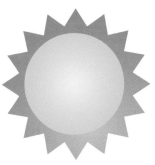

徐徐升起

初阳从舞台底部缓缓升空！

拖拽积木"在10秒内滑行到"，设置滑动终点位置X:0 Y:130。
该位置会使太阳停止在舞台中央。

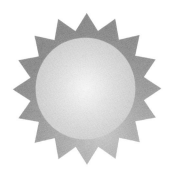

光芒四射

当 被点击
重复执行
  下一个造型
  等待 0.5 秒

通过造型的连续切换，程序创造了闪耀的太阳。我们即将成功创建第一个动画效果！

在"重复执行"中添加"下一个造型"和"等待0.5秒"，确保程序不断执行这两块积木。

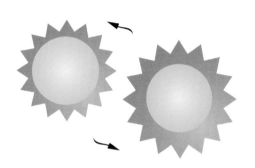

造型

角色的造型就是角色的显示效果。但即使其造型改变，角色还是那个角色。就像无论你穿什么衣服，你还是那个你一样！造型是角色在游戏中的展示方式。有趣的是，它对想象力没有任何限制，你甚至可以用命令让恐龙瞬间变成苹果。如果想发挥Scratch的潜在优势，那你必须要认真学习这个工具哦！

动画

动画是使用各种技术创作的虚拟效果，它能让屏幕上运动的物体栩栩如生。

我们使用的并不是三维卡通角色动画方法，而是快速地展现一系列图像，只要后一个比前一个稍有变化，观众就会感觉整个过程很流畅。

为了让程序一目了然，下面展示了本动画的所有
脚本。

当   被点击

移到 x: 0 y: -180

在 10 秒内滑行到 x: 0 y: 130

当   被点击

重复执行

下一个造型

等待 0.5 秒

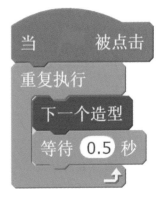

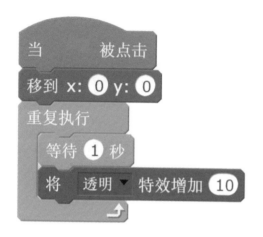

脚本

在日常英语中"脚本"一词是指带有台词的剧本。在程序设计中，脚本是一系列用于执行任务的指令。为便于理解，设想Scratch中添加的人物都是游戏中的演员，每个人物都有自己要扮演的角色。

那么所有的脚本，例如刚才设想的人物的脚本，都始于某一个事件，如"当绿旗被点击"，并且停止在最后一个给定的指令上，或停止于红点被点击时。

2.

难 度

海洋水族馆

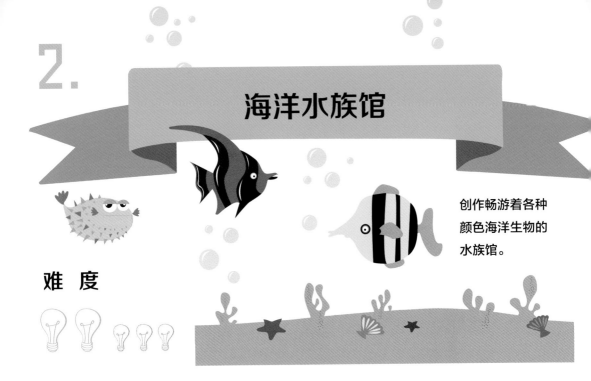

2.

海洋水族馆

创作畅游着各种
颜色海洋生物的
水族馆。

难 度

动画效果

让鱼儿自由地在泡泡中穿梭游动！
选择鱼儿的各种造型，个性化装饰
你的水族馆！

你将学到的内容：

- 克隆角色

- 程序随机化

角色

动画素材

这些海洋生物都属于一个角色的多种造型！

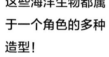

背景

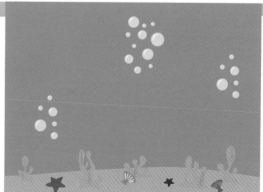

开始编程

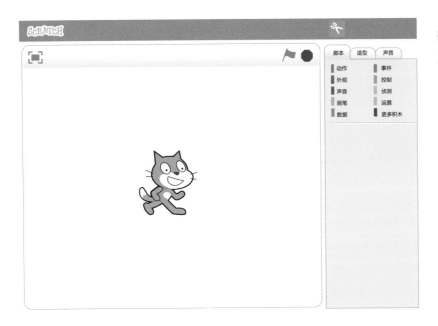

打开Scratch，开启新项目。

打开Scratch后删除默认的猫咪角色，再点击文件菜单中的另存为，给项目指定一个名称。然后为本游戏选择合适的角色和背景。

声音

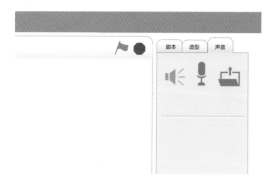

谁说水族馆里面一点声音
都没有？

给动画添加咕嘟咕嘟的
气泡声音，营造海洋的
氛围。

选择声音窗格，从声音库中选择名为"bubbles"的气
泡声。

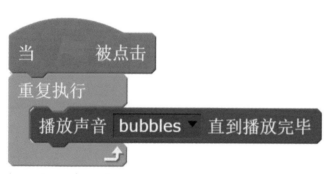

将积木"播放声音bubbles直到播放完毕"插入到"重复执行"循环内，脚本使用积木"当绿
旗被点击"作为启动事件。程序运行时重复地播放气泡声，即使播放完毕，脚本依然继续重新
播放。

好多鱼

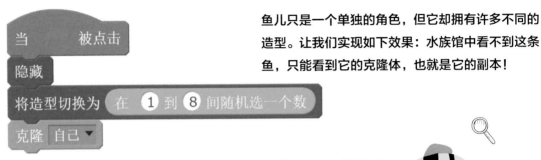

鱼儿只是一个单独的角色，但它却拥有许多不同的造型。让我们实现如下效果：水族馆中看不到这条鱼，只能看到它的克隆体，也就是它的副本！

动画开始时先将角色隐藏，然后在"将造型切换为"中插入"随机选一个数"，这样鱼儿就会随机切换到某个造型。

然后使用积木"克隆自己"。如果你尝试点击绿旗，就会发现什么都没发生。那是因为脚本只创建了一条鱼的克隆体，而且克隆体还没有显示，仍处于隐藏状态！

把"将造型切换为"和"克隆自己"放入"重复执行5次"积木内，实现重复运行。

这段脚本会执行5次，从而创建5个克隆体。动画开始时，循环每次都先选择某个角色造型，然后根据该造型生成克隆体。

克隆体

Scratch提供了3块管理克隆体（即复制出来的角色）的积木：

1. 克隆：该积木创建已选角色的克隆体，绝大部分情况下都选择"自己"。

2. 当作为克隆体启动时：该积木是事件型积木，用于控制克隆体创建之后的流程。

3. 删除本克隆体：删除没有必要存在的克隆体是很重要的，因为Scratch最多只能创建约300个克隆体。一旦数量超过限额，Scratch将无法继续创建，这主要是为了避免程序运行过于迟缓。

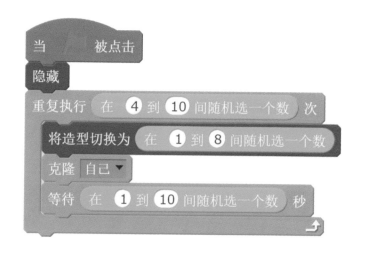

添加一些随机化效果，
使得每次开启水族馆时
都有所变化。

将"随机选一个数"插入到"重复执行5次"的空位中，这样水族馆的海洋生物数量就会不断变化！

在"克隆自己"之后添加积木"等待...秒"，实现海洋生物以不同时间间隔逐个出现。

同样的，在等待积木中插入随机数，时间间隔就会随机化。

随机化

现在尝试在脑海中随便想一个数字！很简单对吧？然而对于计算机来说，这件事情却很困难，因为计算机只会执行你给予的命令。虽然从效果看，"随机选一个数"好像是说"计算机，你来做决定吧"，但本质上计算机是无法自主做决定的。既然如此，我们在本书中创作的动画和游戏是如何随机化的呢？

虽然积木块的名称叫做"随机选一个数"，但这个数字并非完全随机。实际上这块积木运用了非常复杂的操作，尽可能模拟出随机数字。

鱼的运动

让克隆的鱼儿显示出来吧！

当作为克隆体启动时
移到 x: 240 y: 在 180 到 -180 间随机选一个数
面向 -90▼ 方向
显示

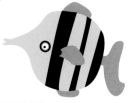

拖拽一块"当作为克隆体启动时"。它是克隆体的启动脚本，脚本会按顺序执行其下方的命令。

首先将它随机定位到舞台右侧，即X坐标等于240，Y坐标随机位于-180到180之间。然后转向-90度到左侧，最后显示自己。

方向

"面向...方向"积木让角色旋转到积木内选中的方向。点击积木中的黑色倒三角选择方向：上（0）、下（180）、右（90）、左（-90）或填写任意角度值。若想让角色面向右侧，则从1到179中选择一个数值，如图中红色箭头所示。反之，若想让角色面向左侧，则要设置角度为负数（数字前面有个减号），即从-179到-1，如蓝色箭头所示。

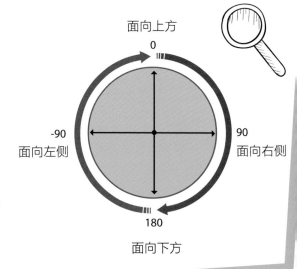

面向上方
0

-90
面向左侧

90
面向右侧

180

面向下方

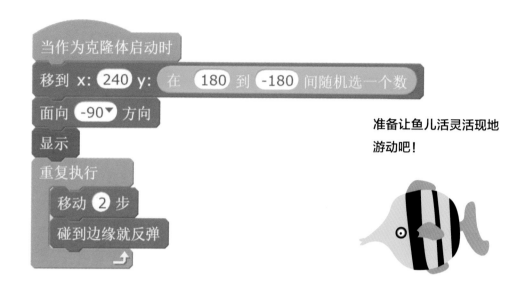

当作为克隆体启动时

移到 x: 240 y: 在 180 到 -180 间随机选一个数

面向 -90 方向

显示

重复执行

移动 2 步

碰到边缘就反弹

准备让鱼儿活灵活现地游动吧!

在"重复执行"积木中添加"移动2步"和"碰到边缘就反弹"。

现在克隆体会一直移动,直到碰到边缘,一旦碰到则转到相反的方向并移动。

快试一试吧!

你会发现鱼儿在碰到边缘后颠倒了，如何解决这个问题呢？

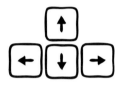

为了防止角色侧翻，只需改变其旋转模式！

点击 　　　调整旋转模式为

Scratch规定角色有三种旋转模式：

↻　任意旋转：角色可旋转到任意角度。

↔　左右翻转：角色只能旋转到右边或左边。

●　不旋转：角色不能旋转。

当 ▶ 被点击
隐藏
重复执行 (在 4 到 10 间随机选一个数) 次
　将造型切换为 (在 1 到 8 间随机选一个数)
　克隆 自己 ▼
　等待 (在 1 到 10 间随机选一个数) 秒

当作为克隆体启动时
移到 x: 240 y: (在 180 到 -180 间随机选一个数)
面向 -90 ▼ 方向
显示
重复执行
　移动 2 步
　碰到边缘就反弹

当 ▶ 被点击
重复执行
　播放声音 bubbles ▼ 直到播放完毕

挑 战

浮动的气泡

让场景更加生动！

添加自下而上浮动的气泡，
提升海洋水族馆的动画效果。

提示：
使用克隆！

3.

难　度

数学神龙

3.

数学神龙

热爱数学的神龙挡住了前往城堡的道路。只有正确回答它提出的3个问题，神龙才允许我们通过！

难　度

游戏规则

输入神龙提出问题的答案并按下回车键确定。

????

游戏素材

角色

背景

先让神龙认识正在玩游戏的你吧!

点击"数据"类别中的"建立一个变量"。

然后设置变量名。因为该变量表示玩家的姓名,所以我们称之为"your name"。

只有神龙需要知道你的名字,没有必要让整个游戏知道,因此设置变量为"仅适用于当前角色"。

点击"确定"后就会出现许多新积木,来看一看它们的作用吧!

变量是给定名称的信息,计算机使用它进行记忆,下面举个例子。

你的年龄是多少?

回答这个问题通常并没有什么难度。这是因为你从小就记住了一段称之为"我的年龄"的信息(即变量),它以数字的形式记录了你从出生到现在的年数。

显然变量是可以变化的。你的年龄会在生日那天改变,但它始终是"你的年龄"。

`your name`

这就是保存了你的名字的变量。前面的单选框指示是否在游戏界面上显示变量。

`将 your name ▼ 设定为 0`

该积木保存了填写在空位处的信息。因此若想将"your name"保存为"Johnny",则在此空位填写"Johnny"。

`将 your name ▼ 增加 1`

该积木仅用于数值变量。以计分游戏为例,分数变量会根据玩家的行为增加或减少。

`显示变量 your name ▼`

该积木让变量出现在游戏屏幕上。

`隐藏变量 your name ▼`

该积木隐藏游戏屏幕上的变量。

在侦测类别中拖拽一块"询问"积木。

这块积木会将填写在空位处的问题以话框的形式显示出来,然后脚本暂停运行,直到玩家输入了答案并按下回车键。答案被保存到"回答"积木中。

再将"回答"积木插入到"将变量设定为"积木的空位中。此时你的回答就保存到了变量"your name"中,神龙在游戏期间就记住了这一信息。

让神龙说话

既然神龙已经知道了玩家的姓名，那么就让神龙使用它吧！

在"将your name设定为"下方添加两块"说...2秒"。

第一块说积木的空位中添加"连接"运算符。

这样就有足够的空间填写"你好"和变量"your name"。

因为上一块积木已经将你的姓名保存到了变量中，所以现在神龙就能使用它和你打招呼了！

第二块说积木告知玩家游戏规则。然后发送消息"begin questions"告知游戏即将开始提问。

神龙马上就要开始提问了。在本游戏中,它将询问乘法算式的答案。

乘法需要两个因数,为了让这两个因数在每轮中尽量不相同,脚本创建并使用了两个变量"FIRST NUMBER""SECOND NUMBER"和随机数。

同样,只有神龙对这些变量感兴趣,因此设置为"仅适用于当前角色"。

游戏还要记录玩家回答正确的次数,因此需要另一个变量。但整个游戏都需要知道该变量的值,故设置为"适用于所有角色"。

在游戏正式开始前,将这些变量设置为0。

在编程世界中,这种操作称为"初始化"。

初始化

点击绿旗时,变量不会自行重置到0。因此若不重置,那么开始新游戏的玩家就会发现当前分数是上一局游戏结束时的分数!为了避免该问题,程序员要牢记初始化每一个变量,即在游戏开始前给这些变量赋予合理的数值。

乘法算式

让我们实现神龙每次询问的因数都不相同吧!

将脚本放置到神龙的最后一块说积木之后。注意:你需要连接两块"连接"运算符,从而保证有足够的空位。

神龙的"重复执行"按照顺序执行如下命令:

1. 随机挑选第一个因数,范围1到10;

2. 继续随机挑选第二个因数,范围1到10;

3. 神龙说"如下乘法算式的结果是",持续时间2秒;

4. 询问两个随机数的乘积,等待玩家作答。

玩家的回答

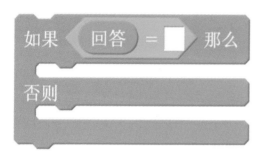

神龙知道正确答案，但他更在意玩家的回答是否正确！

将脚本放置在"询问…并等待"积木之后。

我们知道"询问"积木会一直等待，直到你按下回车键，然后才将输入的内容保存到积木"回答"中。

所以神龙要检查答案是否正确。如何实现呢？很简单！拖拽一块"如果…那么…否则"积木，在"如果"旁边的空位中放置一块"="运算符，再将"回答"积木放置在等号左边。

如果…那么

无论是Scratch还是高级编程语言，最重要的概念之一莫过于"如果…那么"。
假设一种情形：如果阳光明媚，我就去沙滩玩。
"如果"和"那么"分别连接了两个事件，若"如果"中的条件成立（阳光明媚），
则"那么"中的结果必然发生（去沙滩玩）。"如果"中的条件需要插入六边形外观的布尔积木，而结果中要放入普通的堆叠积木。"如果…那么"专用于处理当某些条件发生时执行某些动作的情形。

如果…那么…否则
但若不是晴天怎么办？比如可能是宅在家里。
"如果…那么…否则"与"如果…那么"类似，除此之外，它还允许我们指定当条件不成立时要做什么。

如果 〈 回答 = 〈 first number 〉 * 〈 second number 〉 〉 那么

　　　将 〈 right answers ▾ 〉 增加 ①

　　　说 〈 答对了! 〉 ② 秒

否则

　　　说 〈 再试一次! 〉 ② 秒

神龙每次让我们解答乘法算式,
但他是怎么知道正确答案的呢?

拖拽数学运算符 "....*...." 放置于等号的右边。这块积木可以做乘法,就像计算器一样。

因此,"如果"玩家的回答"等于"第一个因数乘以第二个因数,"那么"神龙认为玩家回答正确,"否则"认为错误。

这样神龙就能根据玩家的回答说不同的话了。

不要忘记,当玩家回答正确时使用"将right answers增加1",让表示回答正确次数的变量增加1分。

数学运算符

计算机执行复杂计算的速度极快，它才是现实中的数学神龙！你可以在自己的程序中插入如下四个基本运算符。

在运算类别中的这四块积木也称为"数学运算符"。

 加法

 减法

乘法

除法

这些积木分别执行加法、减法、乘法和除法运算，而且是一瞬间就能得到结果。不信我们试一下！在角色中执行如下所示的脚本。
你会发现角色不会说"2+2"而是"4"！

比较运算符

如下积木是运算类别中的比较运算符，因为它们能够比较两个值的大小。程序使用它们便能检查一个数值是否大于、小于或等于另一个数值。

 等于

 大于

 小于

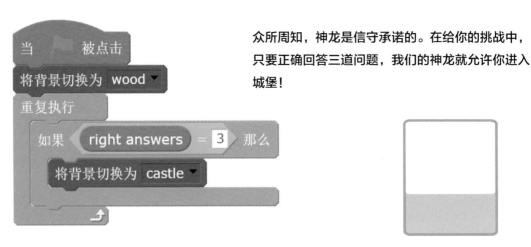

众所周知，神龙是信守承诺的。在给你的挑战中，只要正确回答三道问题，我们的神龙就允许你进入城堡！

把脚本放置在舞台中，因为舞台将要在正确的情况下切换背景。

游戏一开始，脚本将背景切换为森林。但是当玩家正确回答了三道问题后，游戏将切换到城堡的背景。

在"重复执行"循环中，游戏不断使用"如果...那么"检测是否答对了三道问题。如果是，则切换背景。

正如我们之前所说，神龙总是信守诺言！

当城堡背景出现时，神龙将欢迎我们的到来。

完整的脚本

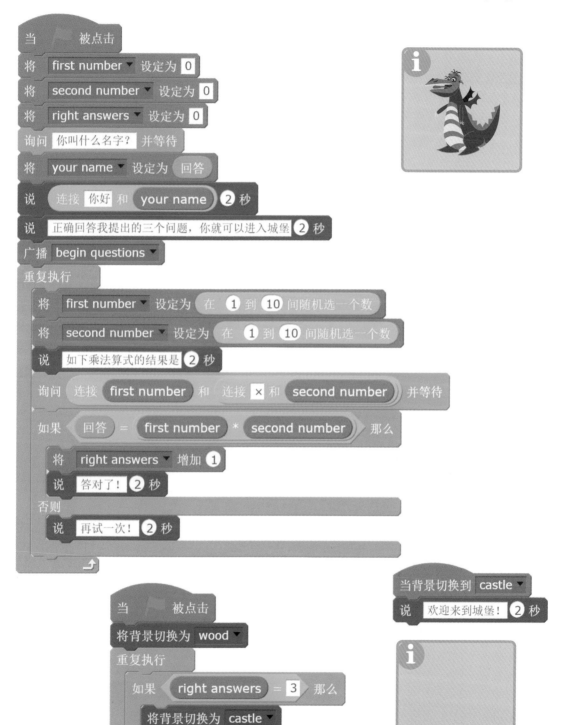

当 🏳 被点击
将 first number ▾ 设定为 0
将 second number ▾ 设定为 0
将 right answers ▾ 设定为 0
询问 你叫什么名字？ 并等待
将 your name ▾ 设定为 回答
说 连接 你好 和 your name 2 秒
说 正确回答我提出的三个问题，你就可以进入城堡 2 秒
广播 begin questions ▾
重复执行
　将 first number ▾ 设定为 在 1 到 10 间随机选一个数
　将 second number ▾ 设定为 在 1 到 10 间随机选一个数
　说 如下乘法算式的结果是 2 秒
　询问 连接 first number 和 连接 × 和 second number 并等待
　如果 回答 = first number * second number 那么
　　将 right answers ▾ 增加 1
　　说 答对了！ 2 秒
　否则
　　说 再试一次！ 2 秒

当背景切换到 castle ▾
说 欢迎来到城堡！ 2 秒

当 🏳 被点击
将背景切换为 wood ▾
重复执行
　如果 right answers = 3 那么
　　将背景切换为 castle ▾

69

挑 战

正确答案是什么？

如果玩家回答错误，神龙会说"再试一次"而非
给出正确答案。

尝试让神龙告诉玩家正确答案。

提示：
使用数学运算符！

难 度

密室逃脱

4.

密室逃脱

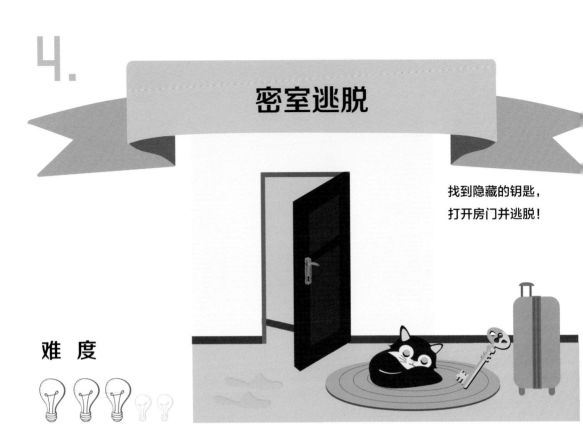

找到隐藏的钥匙，
打开房门并逃脱！

难　度

游戏规则

本游戏有许多与角色的交互方
式，例如点击地毯让它移动，
或者拍手唤醒猫咪！

一旦你发现钥匙，用
鼠标把它拖拽到门上
便能逃离房间。

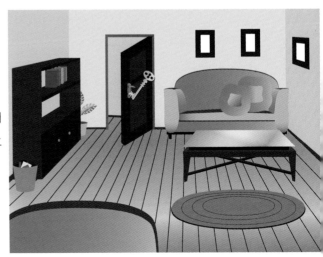

你将学到的内容：

- 使用消息

- 创建有关卡的游戏

- 新的角色交互方式：鼠标点击、麦克风、拖拽操作

角色

游戏素材

背景

YOU WIN!

第一关：房间

游戏开始时，所有角色都需要知道第一关已经开始。

这样它们才能被设置到正确的位置（如果它们属于第一关）或隐藏起来（如果它们属于第二关）。

但是我们如何同时告知所有角色，游戏第一关已经开始了呢？

很简单，我们发送"消息"即可！在"事件"类别中，你会看到"广播"积木块。拖拽到脚本中，创建一条新消息并给予有意义的名称，比如"LEVEL 1"。

发送消息后，舞台"将背景切换为ROOM 1"。

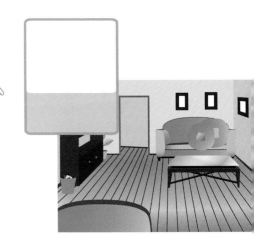

```
当接收到 level 1 ▼
将造型切换为 closed door ▼
移到 x: -5 y: 17
显示
```

在游戏第一关正式开始之前，房门必须是关闭的状态！

当房门角色"接收到"消息"LEVEL 1"，它要立刻"将造型切换为"关闭状态。

然后使用"移到 X: Y:"积木移动到第一关的初始位置，最后"显示"出来。

消息

舞台和角色使用消息进行通信。

消息由"广播"积木发出，它能够启动"当接收到"积木下方的脚本。这两块积木都在"事件"类别中。

为了发送一条消息，首先打开"广播"积木的下拉菜单选择"新消息"。你可以先运行它再为其命名，不过最好能设置一个有意义的消息名。不用担心消息名是否规范，因为玩家是看不到它的，消息名仅用于管理游戏内部的事件。

当接收到 level 1 ▼

移到 x: -40 y: -108

显示

移至最上层

当角色被点击时

在 1 秒内滑行到 x: 130 y: -108

地毯不仅要在第一关显示，而且当点击它时还要移动，因为钥匙就藏在下面！

使用"移到X: Y:"将地毯放置在合适的位置，将其拖拽于"当接收到level 1"下方。位置确认合适后，地毯再显示自身。

记得地毯下藏着钥匙，所以它要压在钥匙的上方。
可是如何实现呢？我们在第33页说过，角色就像一张纸，众多角色层层堆叠在一起。因此为了让地毯盖住钥匙，我们需要将地毯"移至最上层"，这样钥匙就不会处于地毯的上方了。

最终当玩家点击地毯时，它会向左滑动，钥匙映入眼帘。使用"滑行"积木块移动角色到X坐标和Y坐标指定的正确位置。

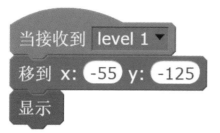

钥匙要放置于第一关中的正确
位置上，同样需要显示。

没错，即使在地毯下面，它也需要显示自己！

在地毯区域选择一个位置，然后使用"移到 X: Y:"固定到该位置，
再显示出来。

坐标

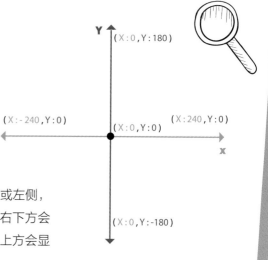

游戏中的任何一个点都被表示为两个数字的
组合，我们称之为"X坐标"和"Y坐标"。
X表示水平方向的位置，Y表示垂直方向的位
置。舞台的中心点就是X:0和Y:0，因为这个
点是两条屏幕中心线的交点。

(X:0,Y:180)

(X:-240,Y:0)   (X:0,Y:0)   (X:240,Y:0)

(X:0,Y:-180)

通常负坐标（数字前面有减号）出现在下方或左侧，
正坐标出现在上方或右侧。Scratch舞台的右下方会
显示鼠标当前所在的坐标位置，脚本区的右上方会显
示本角色所在的坐标。

每当角色移动时，动作类别中的"移到"和"滑行"的XY坐标都会自动发生改变。

拾取钥匙

拾取钥匙，拖拽钥匙，留
在门上！

当角色被点击时
移到 鼠标指针 ▼

既然发现了钥匙，那么我们就应该把舞台上的钥匙拖拽到房门角色上，但是
如果你尝试在游戏模式下运行这个游戏，就会发现钥匙根本无法被移动！因
此，解决这个问题的关键是通过脚本编程实现拖拽效果！

还记得游戏模式是什么吗？如果忘记，参考前言中第20页的内容。

"当角色被点击时"，使用"移到鼠标指针"把钥匙设置到鼠标指针的位置。

如果你在游戏模式中运行这段脚本，
会发现它依然无法被移动或拖拽！让
我来解释一下！

当角色被点击时
重复执行直到 〈鼠标键被按下? 不成立〉
　移到 鼠标指针 ▼

注意！

我们想要的效果是：只要鼠标保持按下状态，钥匙就会更随着鼠标移动。

因此只要松开鼠标，钥匙就停止跟随鼠标移动。

如何实现这种效果呢？拖拽一块"重复执行直到"，在它的条件空位处放置"不成立"运算符，其中继续放置"鼠标键被按下？"。

尝试阅读这段脚本，逻辑还是很清晰的：

"当角色被点击时"，不断地"移到鼠标指针"的位置，"直到""鼠标键"不再保持"被按下"的状态。

拖拽

在游戏和应用程序中，使用鼠标或手指拖拽是相当见的操作。

这种操作称之为拖拽或拖放。

实际上，通过观察脚本，你会发现该操作由3部分组成：

1. 物体被点击时；

2. 鼠标持续按下时，物体跟随鼠标移动；

3. 松开鼠标时，物体停止移动。

每个Scratch角色的角色信息都包含一个"播放时可拖曳"的复选框选项。如果选中该选项，那么玩家便可在游戏模式中拖拽角色，不过这个功能并不能让拖拽操作按照它应有的方式运行！

打开房门

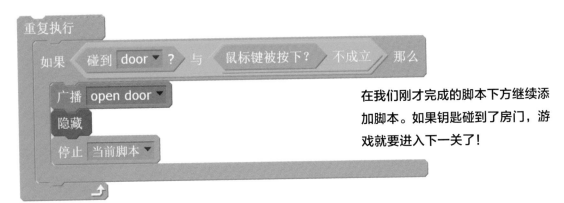

在我们刚才完成的脚本下方继续添加脚本。如果钥匙碰到了房门，游戏就要进入下一关了！

在"重复执行"中，不断检测当鼠标松开时（鼠标键被按下不成立），钥匙是否"碰到了"房门。

如果碰到，"那么"钥匙角色广播一条开门消息"open door"并隐藏。

隐藏之后记得停止当前脚本。这是因为若不停止，"重复执行"将持续发送"open door"消息，接收该消息的角色也会持续执行相应的脚本！

房门已开

打开门后，房门角色要切换到开门的造型！

当房门角色接收到"open door"消息后，它就切换到名为"open door"的造型。

然后等待1秒并隐藏，因为第一关已经结束了。

为什么在隐藏之前要等待1秒呢？因为计算机执行命令的速度极快，如果切换造型后立刻隐藏，人类的双眼完全看不到变化的造型，只能看到角色被隐藏了。

进入下一关

当接收到 level 1 ▼
将 level ▼ 设定为 1

我们需要记录当前是第几关，因为根据开门次数，程序才能决定当前位于第几关。

当接收到 open door ▼
将 level ▼ 增加 1

创建关卡变量"level"。当角色接收到消息"level 1"时将其设置为1。

只要房门开启，level变量就增加1。使用积木块"将level增加1"并放置于"当接收到open door"下方。

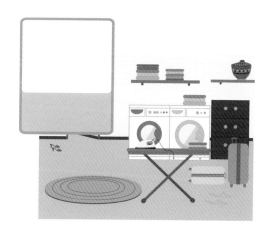

增加level后，舞台要根据当前关卡level值发送正确的消息：如果进入第二关，则发送消息"level 2"。

在"重复执行"中不断检查"level"是否"等于2"，如果是，那么在1秒后（等到房门角色从关闭切换到开启）发送新消息"level 2"，然后"停止当前脚本"。

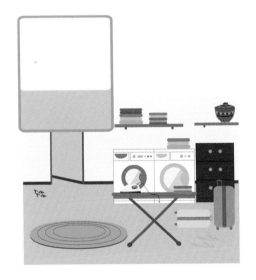

如果关卡变量level增加到了3，那么游戏胜利！

在同一个"重复执行"中，继续检查level变量是否等于3，如果是，则"将背景切换为"游戏胜利的背景。

等一下！
游戏还没结束呢！
让我们继续编程吧！

第二关：房门

当接收到 level 2 ▾

将造型切换为 closed door ▾

显示

如果想把房门定位到其他位置，在"切换造型"
和"显示"积木之间放置一块"移到 X: Y:"并设
置新位置。

进入第二关时，之前打开和隐藏
的房门必须要关闭并显示！

第二关：钥匙

当接收到 level 2 ▾

移到 x: 160 y: -101

显示

当钥匙角色接收到"level 2"消息后，钥匙将移动
到新位置并显示。

第二关：打盹的猫

进入第二关，钥匙居然被这只瞌睡猫压着……

当接收到 level 2 ▾
移到 x: 172 y: -87
将造型切换为 snoozing cat 2 ▾
移至最上层
显示
思考 ZZZZZZ
重复执行
　等待 1 秒
　将造型切换为 snoozing cat 1 ▾
　等待 1 秒
　将造型切换为 snoozing cat 2 ▾

"当接收到level 2时"，猫咪将自己定位在合适的位置上，然后切换到第二个造型。

"移至最上层"是因为猫咪和第一关的地毯一样压着钥匙，之后便可显示。

为了让猫咪的睡姿更真实，添加积木块"思考ZZZ"。然后切换造型，实现打呼噜的动画。在"重复执行"中切换下一个造型并等待1秒。

第二关：叫醒猫咪！

为了得到钥匙，我们不得不制造点噪音把猫咪唤醒！使用计算机的麦克风吧！

Scratch可以接收麦克风的音量值。当接收到消息"level 2"时，猫咪使用"重复执行"不断检测麦克风的音量值是否超过临界值（本游戏为70，如果不太灵敏，尝试调整得更小）。"如果"超过，"那么"它广播消息"cat awake"并停止当前脚本。

猫咪醒来后就走开了，这样
我们便能拿到钥匙。

```
当接收到 cat awake ▼
停止 角色的其他脚本 ▼
思考 喵
将造型切换为 awake cat ▼
在 1 秒内滑行到 x: -23 y: -94
```

当猫咪接收到消息"cat awake"时，首先要停止当前角色的其他脚本。这样睡觉的动画
才会停止。

然后猫咪思考着"喵"并切换到造型"awake cat"，最后滑动到新位置，钥匙再次映入
眼帘。

合理地隐藏

两个角色都要在某一关中显示，另一关中隐藏，如何实现呢？

游戏胜利！

当游戏胜利时，所有角色都要隐藏！

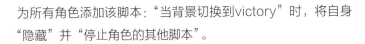

为所有角色添加该脚本："当背景切换到victory"时，将自身"隐藏"并"停止角色的其他脚本"。

当接收到 open door ▼
将 level ▼ 增加 1
重复执行
　如果 < level = 2 > 那么
　　等待 1 秒
　　广播 level 2 ▼
　　停止 当前脚本 ▼
　如果 < level = 3 > 那么
　　将背景切换为 victory ▼

当背景切换到 victory ▼
停止 舞台上的其他脚本 ▼

当接收到 level 2 ▼
将背景切换为 room 2 ▼

当接收到 level 1 ▼
将 level ▼ 设定为 1

当 ▢ 被点击
广播 level 1 ▼
将背景切换为 room 1 ▼

当接收到 level 1 ▼
将造型切换为 closed door ▼
移到 x: -5 y: 17
显示

当接收到 level 2 ▼
将造型切换为 closed door ▼
显示

当接收到 open door ▼
将造型切换为 open door ▼
等待 1 秒
隐藏

当背景切换到 victory ▼

隐藏

停止 角色的其他脚本 ▼

当背景切换到 victory ▼

隐藏

停止 角色的其他脚本 ▼

当角色被点击时

重复执行直到 鼠标键被按下? 不成立

移到 鼠标指针 ▼

重复执行

如果 碰到 door ▼ ? 与 鼠标键被按下? 不成立 那么

广播 open door ▼

隐藏

停止 当前脚本 ▼

当接收到 level 2 ▼

移到 x: 160 y: -101

显示

当接收到 level 1 ▼

移到 x: -55 y: -125

显示

当背景切换到 victory ▼

隐藏

停止 角色的其他脚本 ▼

当接收到 level 2 ▾
重复执行
　如果 〈 响度 〉 > 70 〉那么
　　广播 cat awake ▾
　　停止 当前脚本 ▾

当接收到 cat awake ▾
停止 角色的其他脚本 ▾
思考 喵
将造型切换为 awake cat ▾
在 1 秒内滑行到 x: -23 y: -94

当接收到 level 2 ▾
移到 x: 172 y: -87
将造型切换为 snoozing cat 2 ▾
移至最上层
显示
思考 ZZZZZZ
重复执行
　等待 1 秒
　将造型切换为 snoozing cat 1 ▾
　等待 1 秒
　将造型切换为 snoozing cat 2 ▾

当接收到 level 1 ▾
隐藏

当接收到 level 1 ▾
移到 x: -40 y: -108
显示
移至最上层

当接收到 level 2 ▾
隐藏

当角色被点击时
在 1 秒内滑行到 x: 130 y: -108

挑 战

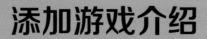

添加游戏介绍

程序开始前不要直接跳到第一关，
而是先介绍游戏规则。

尝试在背景中创建游戏的名称或规则！

提示：
注意！当这个背景出现时，
舞台上不应该有任何角色！

难度

女巫的预言

5.

女巫的预言

在古代世界，女巫被认为是有能力向任何人揭示未来的神圣职业。现在，有一位女巫已经准备好揭示你或你身边人的未来了……

难 度

游戏规则

你要决定是否接收关于自己或其他人的未来预言。

女巫会投掷树叶，混合你创造的短语，然后念出预言。

A FRIEND'S FUTURE

MY FUTURE

98

你将学到的内容：

- 使用列表

- 在舞台上创建按钮

- 制作新的积木块

角色

游戏规则

背景

游戏首先进行准备工作。脚本提前准备好一系列短语，这样女巫才能顺利完成自己的预言。

使用消息创建事件"preparation"，当绿旗被点击时即可发送，表明游戏进入准备阶段。

然后创建变量"my future"（我的未来）并在游戏准备阶段设置为"false"（假）。只要你向女巫询问了你未来的信息，该变量就会被设置为"true"（真）。

点击"更多积木"类别，再点击"制作新的积木"按钮，输入"为我的未来准备短语"。之后再创建一块积木，积木名为"为其他人的未来准备短语"。

将两块新积木放置在脚本底部，最后添加"广播"消息"preparation end"，表示准备工作已经结束。

更多积木

更多积木类别最初是空的，但是它允许我们创建自己的积木块。
点击"制作新的积木"按钮，输入积木名后点击确定。此时脚本区出现了帽子积木，你要在它的下方"定义"新的积木块，这样Scratch才知道这块积木的确切含义。定义的积木决定了你所创建积木块的效果。

注意，创建的积木块仅对当前角色有效。你不能在其他角色中使用，除非你为它们制作相同的积木块。

为什么要创建新的积木块呢？
你可能希望角色多次执行一系列类似的动作，例如显示、滑行再消失。这时你就可以制作新的积木，并定义为如上操作。只要执行这一系列动作，脚本就复用这块新积木，从而不必每次都重新编写该动作。

下面就来定义刚才创建的积木吧。女巫通过连接"做什么"（what）以及"如何做"（how）完成她的预言，例如：

做什么 =你要系鞋带

如何做 =同时单脚跳

想象一个场景：先知从一个杯子中抓取一个"what"，再从另一个杯子中抓取一个"how"，这两个杯子就是我们的列表。

点击数据类别，创建两个列表，一个包含接"做什么"（what），另一个包含"如何做"（how）。

为了让列表从舞台上消失，反选列表名前面的复选框，就和让变量从舞台上消失的方法一样。

首先确保游戏先清空两个列表，使用"删除全部项"即可。然后分别为两个列表添加短语。

列表

在程序设计中，列表是指有相同特征数据的容器。

你既可以向列表添加或删除某个元素，也可以对某一部分或全部元素做操作。

Scratch支持创建字母、单词、短语和数字列表。

不要忘记也要准备其他人的预言。

继续创建两个列表"what"和"how"。

再次选择你喜欢的短语和短语的数量。

添加的短语越多，预言就越多样化。

注意，女巫直接向玩家揭示的预言使用第二人称"你"（例如，"你将生活"），但是女巫向其他人揭示的预言则使用第三人称"他"（例如，"他将生活"）！

两条预言

当女巫被询问时，她要知道这条预言是针对玩家的还是其他人的。

左边的按钮是"我的预言"，右边的按钮是"朋友的预言"。无论点击哪一个按钮，脚本都要广播"preparation"消息给所有角色和舞台，这样才能创建预言。

然后脚本发送不同的消息，女巫据此才知道究竟是创建玩家还是朋友的预言。无论点击哪一个按钮，游戏都将开始。

女巫

当游戏准备工作结束后，再让女巫显示出来。

当女巫接收到代表准备工作开始的消息"preparation"时"隐藏"自身。一旦接收到准备工作完成的消息，则移至最上层并显示。

两条预言

当女巫接收到消息"my future"时，先等待1秒，再问"你想知道自己的未来吗？"。

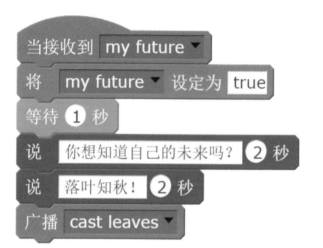

然后她告诉我们女巫要投掷树叶方能落叶知秋！于是发送了消息"cast leaves"（投掷树叶）。

你朋友的未来

为了洞察其他人的未来，女巫需要知道他的名字。

当女巫接收到消息"someone else's future"时，先等待1秒，再问你朋友的姓名。
她将把姓名保存到变量"name"中，这与第三个项目中神龙的做法如出一辙。
然后她告诉我们要投掷树叶并发送消息"cast leaves"（投掷树叶）。

落叶知秋

万事俱备，只欠东风！一些女巫确实会在树叶上写下预言，然后让风打乱。

在游戏准备阶段，树叶角色保持隐藏并移动到舞台正中央（X:0 Y:0）。目前它处于女巫的后方。

一旦接收到投掷树叶的"cast leaves"消息，树叶立刻创建10个克隆体。6秒之后，树叶角色广播"end leaves"，从而告知游戏投掷已经结束。

飘零的落叶

让我们模拟树叶飘落的效果吧！物体向上抛出后第一件事是什么呢？当然是上升喽！

```
当作为克隆体启动时
移到 x: 在 -40 到 40 间随机选一个数 y: 0
显示
在 0.2 秒内滑行到 x: x 坐标 y: 190
```

为实现该效果，所有的树叶不能是一纵列上升，而是稍微偏左或偏右上升。因此脚本命令克隆体使用"移到 X:-40到40的随机数"定位后再显示。

然后每个克隆体都向上滑行，其中Y坐标设置为190，X坐标保持在刚才的随机数上。

```
移到 x: 在 100 到 -100 间随机选一个数 y: 180
移至最上层
在 在 3 到 6 间随机选一个数 秒内滑行到 x: x 坐标 y: -180
等待 2 秒
克隆 自己 ▼
```

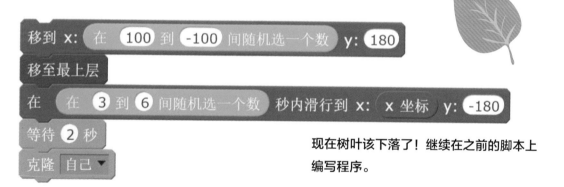

现在树叶该下落了！继续在之前的脚本上编写程序。

既然飞到最高点，那么树叶就不应该下落于相同的位置上！

因此在下落之前，将树叶下移到Y:180并稍微向右或向左移动，到达-100到100之间的某个随机数。

接着树叶"移至最上层"，准备在女巫的面前飘落下来。树叶角色在随机时间内竖直地（X保持不变）下落到地面（Y:180）。

在2秒之后克隆体删除自身，所以我们不会在下一次投掷树叶时看到树叶角色。

揭示预言！

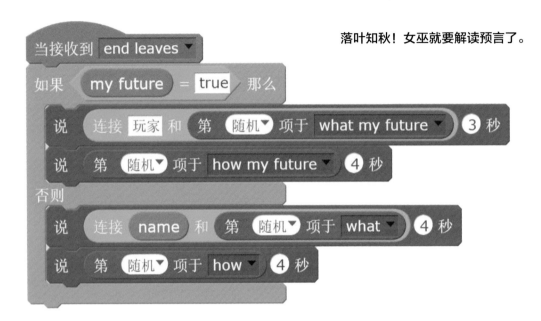

落叶知秋！女巫就要解读预言了。

当接收到 end leaves ▼

如果 〈 my future = true 〉 那么
　说 连接 玩家 和 第 随机▼ 项于 what my future ▼ ③ 秒
　说 第 随机▼ 项于 how my future ▼ ④ 秒
否则
　说 连接 name 和 第 随机▼ 项于 what ▼ ④ 秒
　说 第 随机▼ 项于 how ▼ ④ 秒

当女巫接收到"end leaves"消息时，她要根据变量的值确定到底是揭示玩家还是其他人的预言。因此，"如果"变量"my future"等于"true"，"那么"女巫就说"玩家"以及"what my future"列表中的任意一项，再说"how my future"列表中的任意一项。

"否则"如果你询问的是别人的未来，那么女巫就说变量"name"的值以及"what"列表中的任意一项，再说"how"列表中的任意一项。

我相信你已经不再需要完整的脚本了!

我确定你已经完成了游戏,
正在匆忙地询问女巫呢!

顺便说一句…多问问她关于
我未来会发生的事情!

挑 战

在哪里发生？

让游戏变得更有趣吧！

目前女巫可以预测发生何事以及事情如何进展，但她还无法预测发生地点。创建新的短语类别用于预言！

提示：

使用列表！

6.

难 度

蜗牛赛跑

6.

蜗牛赛跑

两只蜗牛朝着一片莴苣奋力前行，谁先到达终点呢？

难 度

游戏规则

向你的朋友发起挑战吧！

等待你的回合，抽一张卡……
然后交叉手指耐心等待！

你将学到的内容：

- 创建多玩家的回合制游戏
- 创建影响游戏的卡牌系统

角色

游戏素材

| 1 | 2 | 3 | 4 |
| 5 | 6 | 7 x2 | ↩ |

| 1 | 2 | 3 | 4 |
| 5 | 6 | 7 x2 | ↩ |

背景

两位玩家，
两副卡牌

本游戏的关键元素是两只蜗牛和两副卡牌。
我们只关注第一位玩家和第一副卡牌的脚本。因为它们与第二位玩家和第二副卡牌的脚本近似，你只需要修改变量名和消息名。

当游戏完成时，分别拖拽第一只蜗牛和第一副卡牌的脚本到第二只蜗牛和第二幅卡牌即可完成复制。记得替换带有"player 1"的变量和消息为"player 2"。

本游戏中使用的变量：

`player 1 turn`	表示玩家1抽卡或等待
`player 2 turn`	表示玩家2抽卡或等待
`C G 1`	表示玩家1抽取的卡片
`C G 2`	表示玩家2抽取的卡片

游戏中使用的消息：

`广播 player 1 moves ▼`	表示玩家1移动
`广播 player 2 moves ▼`	表示玩家2移动
`广播 player 1 double turn ▼`	表示玩家1再次移动
`广播 player 2 double turn ▼`	表示玩家2再次移动
`广播 player 1 back to the start ▼`	表示玩家1回到起点
`广播 player 2 back to the start ▼`	表示玩家2回到起点
`广播 player 1 wins ▼`	表示玩家1胜利
`广播 player 2 wins ▼`	表示玩家2胜利

回合

```
当 ▢ 被点击
将背景切换为 game backdrop ▼
将 player 1 turn ▼ 设定为 draw
将 player 2 turn ▼ 设定为 wait
显示变量 player 1 turn ▼
显示变量 player 2 turn ▼
```

正如游戏规则所说，本游戏中的玩家轮流操作，因此玩家只能在自己的回合中抽取卡片！

首先创建变量"player 1 turn"和"player 2 turn"，并拖拽到对应的卡牌旁。

然后游戏切换到正确的背景，设置玩家1的回合为"draw"（抽卡），玩家2的回合为"wait"（等待）。

最后让两个变量显示出来。

卡牌

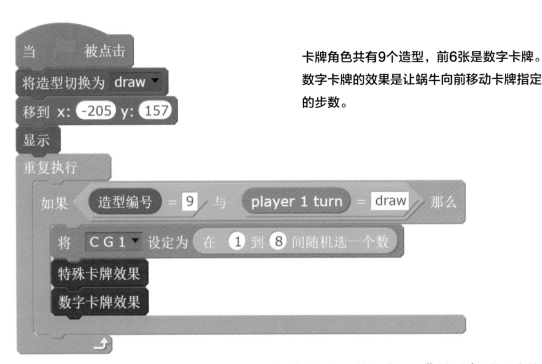

卡牌角色共有9个造型，前6张是数字卡牌。数字卡牌的效果是让蜗牛向前移动卡牌指定的步数。

卡牌7和8有特殊效果，我们后面再做讲解。脚本先切换到9号抽卡"draw"造型（虽然是卡牌的背面）。为了抽取卡片，必须要判断如下两个条件：

1. 卡牌处于抽卡"draw"造型；
2. 必须轮到当前玩家抽卡。

游戏开始，角色先穿上"draw"造型的外衣，定位到合适的位置并显示，然后"重复执行"不断检测刚才两个条件是否同时成立。如果同时成立，那么脚本设置变量"CG 1"（玩家1抽取的卡片）为1到8的随机数，最后检查是特殊卡牌还是数字卡牌，目前还看不出它们的作用，我们后面会讲解。

抽卡

如何模拟抽卡的效果呢？

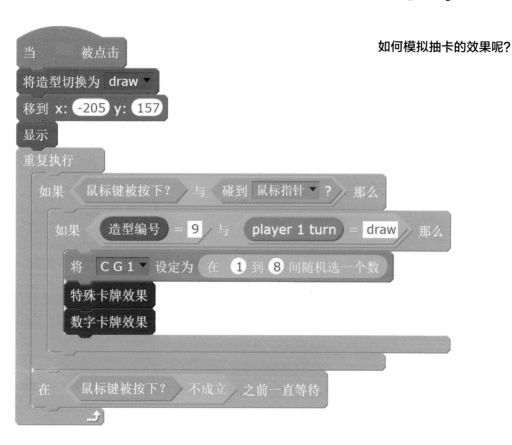

当   被点击
将造型切换为 draw ▼
移到 x: -205 y: 157
显示
重复执行
　如果 鼠标键被按下？ 与 碰到 鼠标指针 ▼ ？ 那么
　　如果 造型编号 = 9 与 player 1 turn = draw 那么
　　　将 CG1 ▼ 设定为 在 1 到 8 间随机选一个数
　　　特殊卡牌效果
　　　数字卡牌效果
　　在 鼠标键被按下？ 不成立 之前一直等待

玩家点击卡牌后便能抽卡。仔细分析新添加的积木哦，因为稍微有点复杂！在当前"如果...那么"外添加一块"如果...那么"。这样内部积木仅在外部积木成立时执行。因此游戏仅在点击卡牌时抽卡，换言之就是鼠标碰到了卡牌并且鼠标处于按下状态。

在新添加的"如果...那么"下方添加"在...之前一直等待"，其中插入"不成立"运算符和"鼠标被按下？"。

我们在第4个游戏中构建过这块脚本，还记得吗？

数字卡牌

如果玩家抽到数字卡片会发生什么事情?

(8)

下面看看我们之前提到的新积木块的细节。

我们这样定义它:

如果变量"CG 1"小于7，则被抽到的卡片一定是普通的数字卡片，那么卡牌角色就要切换到变量对应的造型。例如，如果抽到了5号卡，那么卡牌切换造型到编号为5的造型。

等待1秒后，卡牌重回到初始造型，最后广播"player 1 moves"。

特殊卡牌

如果玩家抽到特殊卡片会发生什么事情？

如果你幸运地抽到了第7张牌，卡牌就会切换到表示再次移动的"double turn"造型。等待1秒后，重新切换到"draw"造型并广播消息"player 1 double turn"。

如果你不幸地抽到了第8张牌，卡牌会切换到表示回到起点的"back to the start"造型，等待1秒后重新切换到初始造型，最后广播消息"player 1 back to the start"。

你应该可以想象出它的效果，对吧？

蜗牛的移动

当接收到 player 1 moves ▾
在 ⓪ 秒内滑行到 x: x 坐标 + ⑩ * C G 1 y: y 坐标

每当玩家抽取了数字卡片，蜗牛就向前移动。显然数字越大，移动越远。

如何前行呢？蜗牛要保持Y坐标不变，并将X坐标增加卡牌的数值（CG 1）。

但若只增加卡牌数值，蜗牛仅移动很小的一步！因此我们将卡牌数值放大10倍后再加上先前的X坐标值。

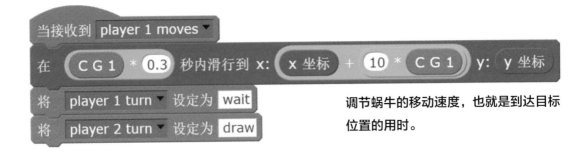

当接收到 player 1 moves ▾
在 C G 1 * ⓪.③ 秒内滑行到 x: x 坐标 + ⑩ * C G 1 y: y 坐标
将 player 1 turn ▾ 设定为 wait
将 player 2 turn ▾ 设定为 draw

调节蜗牛的移动速度，也就是到达目标位置的用时。

让蜗牛在"C G 1"×0.3秒内滑行到目的地。距离越短移动速度越慢，距离越长移动速度越快。
我们举例说明：
如果抽到了数字卡1，蜗牛则移动较短的距离，滑行时间为1×0.3=0.3秒。
如果抽到了数字卡6，蜗牛则移动较长的距离，滑行时间为6×0.3=1.8秒。

一旦蜗牛到达了目的地，就轮到另一位玩家游戏了。因此刚才移动的蜗牛设置自身的状态为等待"wait"，并设置对手的状态为抽卡"draw"。

再次移动

```
当接收到 player 1 double turn ▼
在 ( C G 1 * 0.3 ) 秒内滑行到 x: ( x 坐标 + 10 * C G 1 ) y: ( y 坐标 )
将 player 1 turn ▼ 设定为 draw
将 player 2 turn ▼ 设定为 wait
```

当玩家抽到"再次移动"卡片时，蜗牛角色移动上一次移动的步数。不同的是玩家并未结束本回合，而是可以再次抽卡。因此变量"player 1 turn"依然保持为"draw"，变量"player 2 turn"则为"wait"。

回到起点

如果你抽到"回到起点"卡片，蜗牛将重回起点。

```
当         被点击
面向 90▼ 方向
移到 x: -197 y: 67
显示
```

首先游戏一开始，蜗牛面向右侧，移动到起点位置并显示。

```
当接收到 player 1 back to the start ▼
移到 x: -197 y: 67
将 player 1 turn ▼ 设定为 wait
将 player 2 turn ▼ 设定为 draw
```

然后当玩家抽到"回到起点"卡片时，蜗牛重新将自己定位到起点位置并改变回合次序。

莴苣！

游戏胜利的标志是任意一只蜗牛碰到莴苣。

游戏开始后"重复执行"，不断检查蜗牛是否碰到了lettuce（莴苣）。

如果碰到，立刻广播玩家1胜利的消息"player 1 wins"。

记得为另一位玩家做相同的操作哦！

到达终点后，获胜的蜗牛滑行到舞台中央，说"我赢啦！"2秒。当然，如果另一位玩家赢了，那么本角色需要隐藏起来。

游戏胜利

无论舞台接收到哪只蜗牛胜利的消息，它都要切换背景并隐藏两个回合变量，然后停止舞台上的所有脚本。

莴苣！！！

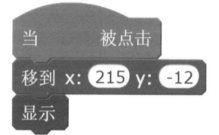

游戏开始时，莴苣先定位到初始位置并显示，然后等待任意一只蜗牛胜利后隐藏。

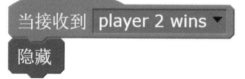

记得要给予第二只蜗牛和第二副卡牌类似的脚本，正如我们在116页中说明的那样！

挑 战

谁第一个抽卡？

目前游戏中，玩家1总是第一个抽卡。

尝试让脚本随机决定第一个抽卡的玩家。

提示：

加油，

你现在已是专家了！

攻破挑战

浮动的气泡

添加气泡角色。

和鱼儿一样，首先脚本隐藏自身，仅克隆体显示。我们使用"重复执行"让气泡不断克隆直到程序停止！

克隆体启动后将自己定位到舞台底部（Y坐标等于−180）的随机位置（X坐标等于−240到240的随机数）并显示。最后在10秒内滑行到舞台中心点（X:0 Y:0）后删除克隆体。

正确答案是什么？

在"说 再试一次"下方继续添加一块"说"积木。

空位中放入"连接"运算符。

第一个空位中填写"正确答案是"，第二个空位中放入"first number *second number"，就像之前检查答案是否正确那样。

添加游戏介绍

创建游戏介绍背景。忘记如何创建了吗？参见前言第18页。

在舞台广播消息"level 1"之前，把背景切换到游戏介绍页，持续时间2秒。

让所有的角色在点击绿旗时隐藏。
接收到消息"level 1"之后再显示出来。

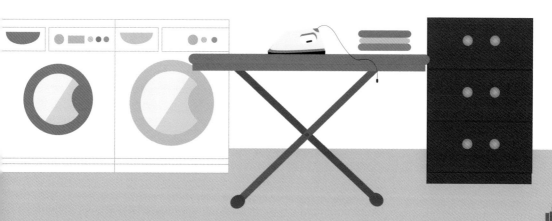

在哪里发生?

创建"where"(地点)列表,并在舞台填充列表。
然后在女巫角色的预言中添加"说"where的随机项。

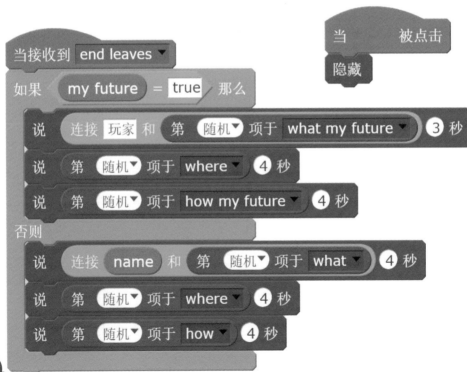

谁第一个抽卡？

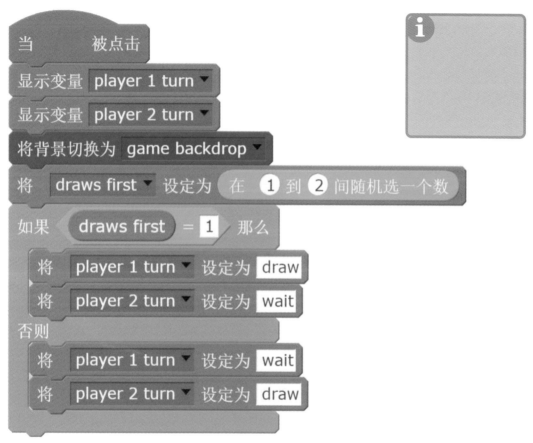

创建变量"draws first"（第一个抽卡）并设置为1或2的随机数，然后检查到底是数字几。如果是数字1，则设置"player 1 turn"为"draw"，"player 2 turn"为"wait"，反之亦然。

我们学到的内容包括：

- 创建一个新的项目
- 创作简单的动画
- 给图形添加特效

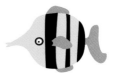

- 克隆角色
- 程序随机化

- 创作提出问题和回答问题的游戏
- 使用变量

- 使用消息
- 创建有关卡的游戏
- 新的角色交互方式：鼠标点击、麦克风、拖拽操作

- 使用列表
- 在舞台上创建按钮
- 制作新的积木块

- 创建多玩家的回合制游戏
- 创建影响游戏的卡牌系统

你玩得开心吗？还想继续吗？
使用本书的项目经验创作新的动画和游戏吧！

不要忘记，Scratch也是一个社区！
你可以在社区中探索发现更多项目，
还能与小伙伴们分享自己创作的游戏。

如果你还想跟随我们创作解谜类游戏和动画故事，请
关注我们的另一本姊妹篇图书。

SCRATCH少儿创意游戏编程
—— STEAM教育实战手册

本书的项目源于Coder Kids（www.coderkids.it）在校课程和社团
活动中组织举办的课程和工作坊。

借此感谢参加课程和工作坊的孩子、家长以及辅导老师。正是因为
你们的积极参与和无限热情，才滴灌了我们灵感的源泉。

律师声明

北京市中友律师事务所李苗苗律师代表中国青年出版社郑重声明：本书由White Star Kids出版社经由中华版权代理总公司授权中国青年出版社独家出版发行。未经版权所有人和中国青年出版社书面许可，任何组织机构、个人不得以任何形式擅自复制、改编或传播本书全部或部分内容。凡有侵权行为，必须承担法律责任。中国青年出版社将配合版权执法机关大力打击盗印、盗版等任何形式的侵权行为。敬请广大读者协助举报，对经查实的侵权案件给予举报人重奖。

侵权举报电话

全国"扫黄打非"工作小组办公室
010-65233456 65212870
http://www.shdf.gov.cn

中国青年出版社
010-50856028
E-mail: editor@cypmedia.com

版权登记号：01-2018-0775

图书在版编目（CIP）数据

Scratch少儿创意动画故事编程：STEAM教育实战手册/意大利酷编酷玩著；（意）瓦伦蒂娜·菲格斯（Valentina Figus）绘；李泽译 . 一 北京：中国青年出版社，2018.6
书名原文：Coding for Kids Create your own animated stories with Scratch
ISBN 978-7-5153-5047-9
I.①S… II.①意… ②瓦… ③李… III.①程序设计－少儿读物
IV.①TP311.1－49
中国版本图书馆CIP数据核字（2018）第040631号

策划编辑：张 鹏
责任编辑：张 军
封面设计：彭 涛

Scratch少儿创意动画故事编程
——STEAM教育实战手册

[意] 酷编酷玩（Coder Kids）/ 著
[意] 瓦伦蒂娜·菲格斯（Valentina Figus）/ 绘
李泽 / 译

出版发行：中国青年出版社
地　　址：北京市东四十二条21号
邮政编码：100708
电　　话：（010）50856188／50856199
传　　真：（010）50856111
企　　划：北京中青雄狮数码传媒科技有限公司
印　　刷：北京汇瑞嘉合文化发展有限公司
开　　本：787 x 1092 1/16
印　　张：8.5
版　　次：2018年8月北京第1版
印　　次：2018年8月第1次印刷
书　　号：ISBN 978-7-5153-5047-9
定　　价：59.90元

本书如有印装质量等问题，请与本社联系
电话：（010）50856188／50856199
读者来信：reader@cypmedia.com
投稿邮箱：author@cypmedia.com
如有其他问题请访问我们的网站：http://www.cypmedia.com